穿搭基本法
男士时尚图鉴

［日］山本昭子 著

［日］ma2 绘

刘晓雪 译

江苏人民出版社

图书在版编目（CIP）数据

穿搭基本法 . 男士时尚图鉴 / (日) 山本昭子 , (日)
ma2 著 ; 刘晓雪译 . -- 南京 : 江苏人民出版社 , 2023.7
ISBN 978-7-214-28176-0

Ⅰ . ①穿… Ⅱ . ①山… ②m… ③刘… Ⅲ . ①男服 –
服饰美学 Ⅳ . ① TS941.11

中国国家版本馆 CIP 数据核字 (2023) 第 102612 号

江苏省版权局著作权合同登记号：图字 10-2023-103 号

书　　　名	穿搭基本法　男士时尚图鉴	
著　　　者	〔日〕山本昭子	
绘　　　者	〔日〕ma2	
译　　　者	刘晓雪	
项 目 策 划	凤凰空间 / 罗远鹏	
责 任 编 辑	王　旭	
出 版 发 行	江苏人民出版社	
出版社地址	南京市湖南路1号A楼，邮编：210009	
总 经 销	天津凤凰空间文化传媒有限公司	
总经销网址	http://www.ifengspace.cn	
印　　　刷	河北京平诚乾印刷有限公司	
开　　　本	889 mm×1194 mm　1/32	
字　　　数	90 000	
印　　　张	4	
版　　　次	2023年7月第1版　2023年7月第1次印刷	
标 准 书 号	ISBN 978-7-214-28176-0	
定　　　价	59.80元	

（江苏人民出版社图书凡印装错误可向承印厂调换）

前言

首先，非常感谢你能购入本书。

接下来先简单回答几个问题吧，让我们探究一下在众多的同类书中，你为什么会选择这一本书呢。

第一问：你对自己的穿搭没有自信吗？

第二问：想知道哪些服装适合自己的年龄吗？

第三问：担心自己的着装会给周围的人留下不好的印象吗？

第四问：你是一直就不懂如何搭配吗？

如果你是带着类似疑问选择了这本书，那么我会很高兴，当然也非常欢迎想要帮助自己丈夫或男友改进穿搭的女性读者阅读。在本书中你一定能找到解决这些穿搭烦恼的技巧。

各位读者朋友们好，我是造型师山本昭子。

我一直从事造型师的工作，并且是"生活与时尚造型师协会"的会员，同时还运营一家时尚穿搭的学校，虽然校内主要以女性学员为主，但也有很多男士告诉我，希望改变形象，提升时尚度。自学校开设以来，共指导了一万多人进行个人形象的改造。此外，我还在一些社交媒体平台开设以研究时尚人士的穿搭为主题的专栏，分享用平价单品来打造时尚感的穿搭经验。

由于工作原因，我接触过很多女性，也经常听到她们有这样的疑问："怎样才能让男友变得更加时尚呢？"似乎有很多人都对另一半的穿搭不满意。

而我从男性口中听到的话，往往不是"怎样能变得更加时尚"，而是"我不想穿错衣服，但又不知道怎么做才好"。

男性是为了找到"正确的衣服"而来的。当然，穿搭并不像严谨的数学公式那样，只有一个标准答案。时尚与性别无关，它有着自身独特的基本理论和底层逻辑。

男女观点中的差异，实际上可以用同样的逻辑来解答。我在意识到这一点后，决定将男士穿搭的相关内容写成一本书。

我在写这本书时，对 150 名女性和 50 名男性，合计 200 人进行了问卷调查。女性对于男士的穿搭会直接表达出"我喜欢这种搭配""他可能不适合这种风格"等看法，而男性更多表达的是"在这种场合下应该怎么搭配呢""可以告诉我不穿错衣服的要点吗"。在这些调查结果的基础上，我会告诉大家仅通过观察就能学会的"不出错"的男士穿搭。

首先我想告诉大家非常重要的两点——"整体的身形"和"清

爽感"，只要掌握这两点，不论是工作还是日常的穿衣都可轻松应对。

实际上，我们在判断一个人是否时尚时并不会关注其服装的品牌，而是会关注一个人穿搭的整体感。因此，在我设计的造型中，穿搭的整体感是首先要考虑的。

我认为男性要追求穿搭的身形只有一种，那就是"倒三角形"，具体是指肩部和胸部有一定的宽度和厚度、腿部修长的体形，这样的身形会给人一种很健壮和值得信赖的感觉。这种身形适用于所有男性，而且还能完美地遮盖腹部。倒三角身形可以通过突出男性的"绝对领域"简单地塑造出来。关于这一关键的"绝对领域"也会在本书中进行详细讲解。

"清爽感"这一点，来源于本次以女性为主要对象的问卷调查中"在男性穿搭中最关注的点是什么？"这一问题的回答，高居榜首的便是"清爽感"。那么，为了营造出"清爽感"，具体应该怎么做呢？

在本书中，我将介绍多个能够营造出"清爽感"的单品、技巧以及穿搭方法，其中，我没有选用很挑人的单品，大家在穿搭时先准备我推荐的十件基础单品就足够了。如果已经有这些单品的话，希望大家可以充分使用。仅仅通过模仿穿搭，就能很自然地营造出"清爽感"。

在如今的社会环境下，我们的生活方式虽然发生了很大的变化，但时尚的基本逻辑是不变的。这是一本适用于现代且不过时的穿搭书。阅读后，我相信每位读者都不会再为每天穿什么而发愁了。

此外，我特意邀请了人气插画师 ma2 老师为本书绘制插画。对于女性读者来说，这也是一本仅简单翻看也会感觉很养眼的插画笔记。

最后，希望大家能以"要不要尝试一下？"的轻松心态来学习穿搭。若本书能为大家提供参考价值的话，我会感到非常荣幸。

山本昭子

男士穿搭问卷调查

本书中登场的是以下三位年龄段的男性

　　本书中介绍的穿搭几乎是适合所有人的经典款。如果不清楚自己想要的风格，可以寻找与自己年龄相近的人或者与自己身高、体型比较相似的人来进行参考。

40 岁

富冈淳
设计行业 个体营业者
三年前独立
负责产品设计

30 岁

小田平健太
大型建筑工程承包公司
工作
施工现场领队

20 岁

玉川善一郎
IT 企业工作
入职两年
负责产品设计

穿搭调查问卷男女共 200 人（20～69 岁）

本书在结合调查问卷结果和山本昭子的时尚逻辑基础之上，介绍了多种男士穿搭方法。

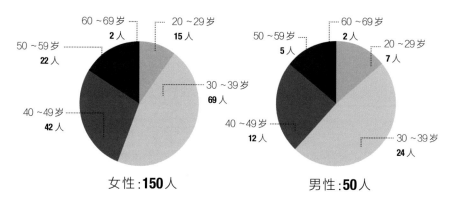

女性：**150人**

男性：**50人**

女性对伴侣的穿搭是否满意？

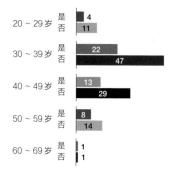

女性男士穿搭是否要追求流行？

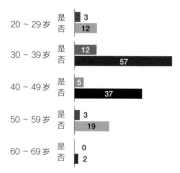

对伴侣穿搭不满意的理由是？

·至少在休息日的穿搭能时尚一些
·对时尚不关心
·没有品位，总是穿同样的衣服
·对日常穿着没有追求，不讲究
·与其选择适合某一场合的服装，不如优先考虑自己的喜好
·不穿外套
·穿衣总是同样的感觉，没有新鲜感

女性无法接受的男性穿搭问题

·尖头鞋
·奢侈品牌
·迷彩花样
·金或银的装饰品
·钱包链、皱皱巴巴的衣服
·项链
·品牌标志印在衣服前面

女性
最关注男士穿搭中的哪一点？（多个回答）

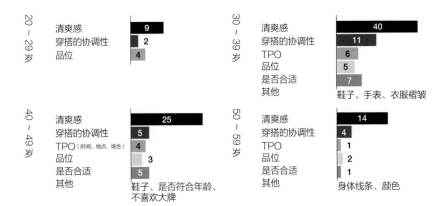

20～29岁
- 清爽感 9
- 穿搭的协调性 2
- 品位 4

30～39岁
- 清爽感 40
- 穿搭的协调性 11
- TPO 6
- 品位 5
- 是否合适 7
- 其他 鞋子、手表、衣服褶皱

40～49岁
- 清爽感 25
- 穿搭的协调性 5
- TPO（时间，地点，场合） 4
- 品位 3
- 是否合适 5
- 其他 鞋子、是否符合年龄、不喜欢大牌

50～59岁
- 清爽感 14
- 穿搭的协调性 4
- TPO 1
- 品位 2
- 是否合适 1
- 其他 身体线条、颜色

女性对于伴侣和家人以及关系亲密的男士的穿搭，想要了解些什么？

20～29岁	·时尚穿搭、可使用的单品、符合年龄的品牌 ·符合特定形象的（比如知性的、有男子气概的）服装类型
30～39岁	·提升好感度的方法、营造清爽感的方法、时尚的穿搭方法、可使用的单品、符合年龄的品牌 ·色彩的搭配、有小肚子或健壮体型的时尚穿搭是怎样的呢？
40～49岁	·提升好感度的方法、营造清爽感的方法、时尚的穿搭方法、可使用的单品、符合年龄的品牌
50～59岁	·营造清爽感的方法、时尚的穿搭方法、可使用的单品、符合年龄的品牌

男性在穿搭方面最想了解些什么？

20～29岁	·时尚的穿搭方法、符合年龄的品牌 ·应该购买的衣服、性价比高的西装
30～39岁	·符合年龄的品牌 ·提升好感度的方法、营造清爽感的方法、时尚的穿搭方法、可使用的单品 ·一衣多穿的方法 ·漂亮鞋子、包包、大衣的选择方法和品牌
40～49岁	·提升好感度的方法、营造清爽感的方法、时尚的穿搭方法、可使用的单品、符合年龄的品牌 ·成年人脚下的时尚
50～59岁	·符合年龄的品牌 ·帽子的选择方法
60～69岁	·时尚的穿搭方法

目录

01
有这些就足够了！十件基础单品和平价品牌分享

02
男士的绝对领域！休闲、西服、时尚技巧

03
与伴侣一起搭配吧！ TPO 原则、四季穿搭 、共用单品

01

有这些就足够了！
十件基础单品
和平价品牌分享

在这一章中，将介绍十件基础单品。
这些基础单品可以应用在任何穿搭中。
此外还会介绍一些平价品牌。

基础单品

① 西装上衣
工作、日常均适用的简约黑色上衣

　　如果你问我，男士一定要拥有的一件单品是什么的话，我一定会毫不犹豫地回答出"黑色西装上衣"。而且外套要设计简约、单排扣、剪裁讲究，这也是无论何时何地都不会出错的必备单品。

　　黑色外套最大的优点在于无须特意挑选内搭。和衬衫搭配，会成为通勤装，若是在日常生活中，仅内搭一件T恤也很时尚。黑色外套一年四季都能穿，而且如果下半身的服装也选择黑色的话，就会搭配成一套服装。如果换成其他颜色，品牌不一致会导致上下色调不统一，但黑色就不必担心，因为黑色是最不容易看出材质的颜色，所以，即便购买的是平价品牌也完全可以。挑选时要注意以下两点：第一，腰部不能过于贴身，选择轮廓好的版型；第二，袖子长度到手背为宜，不可过长。

　　黑色外套的实用性好，不论是工作还是日常生活中，只要有一件黑色外套，就能大大提高搭配的多样性。在本书之后的内容中也会多次用到这一单品。

注意点▼

我个人推荐性价比高的外套，因为价格合理，所以即使穿破也可轻松换新。而且这种外套的面料大多优良且多样，一年四季都适合穿。选择款式合身、样式新颖的外套，穿上身也会让人心情愉悦。

作为上衣，首先要选择合适的尺寸。如果尺寸过大，会显得土气。注意长度要在臀部中间位置，会更容易搭配

外套内搭配连帽卫衣，正是我想推荐大家尝试的风格。因为外套的款式休闲的同时又不会显得过于懒散

下半身选择黑色锥形裤，搭配白色运动鞋，清爽感加倍

② 锥形裤
首先要入手一条黑色锥形裤

　　下装是穿搭的另一重点。可以说，下装的选择决定了一个人的形象。锥形裤是能辅助造型的万能单品，能适应所有场合的穿搭需求。其版型特点是脚踝处收窄，腹部周围比较宽松。而且，它模糊了臀部和腿部的线条，这样的版型使腿部看起来更修长更均匀。推荐大家试试。

　　选购时的要点是裤长。要选择能露出脚踝的九分裤，长度不要盖住鞋帮。使人看上去很苗条，腿部有被拉长的效果。总之，黑色锥形裤是穿搭中的必备单品。在前一节已经讲解了黑色在上装搭配中的优先点，下装也同样如此。若下装是黑色的话，就能和外套搭配成套装，丰富穿搭的多样性。其次，面料不同，营造的感觉也会有所不同。如今各大品牌每季都会推出各式面料的服装，以聚酯纤维或棉为基础，春、夏季多是亚麻混纺的面料，质感较粗糙。秋、冬季建议选择凸显温暖感的羊毛面料，或是更加柔软的人造纤维混合面料。

注意点▼

推荐九分裤。根据季节，各大品牌会销售各种面料或印有各式花纹的下装，可根据季节一次购齐。

如果在穿搭方面有困惑
的话，选择黑色锥形裤
是不会出错的。此时需
要注意袜子的款式和颜
色，特别是在穿露脚踝
的鞋子和低帮运动鞋时，
一定要穿和裤子颜色相
同的袜子。如果想露出
脚踝处的皮肤，推荐船
袜或不露边的短袜，但
绝对不能光脚

可能有人会认为锥形裤
更适合年轻人，但我非
常推荐 40 岁左右的男
性也尝试一下。因为锥
形裤的版型会显得腿细，
在视觉上看起来更瘦，
至少年轻三岁

③ 白T恤

万能单品，何时何地都可以穿

本节带领大家重新认识堪称"休闲必备"的白T恤。白T恤可以单穿，搭配好外套的话也可以作为正式约会的穿搭，如果做针织衫的内搭会显得更加随性。根据穿搭的不同可应对所有季节、所有场合，可谓"百搭单品"。版型最好选择素色圆领T恤。

事实上，T恤的尺寸也非常重要。尺寸越合身，给人的感觉越干净、清爽，尺寸宽松则感觉更加休闲、随性。作为基础单品我建议大家选择处于这两种感觉之间的，选择标准是T恤袖口处的缝隙能放下两根手指，这样既不会太过贴身又不会太过宽松，选择合适的尺寸会更容易搭配，所以一定要以此为标准。

除此之外，白T恤是能直接展现清爽感的单品，一定要保持干净整洁，领口、袖子、下摆这几处如果起皱，建议立即换新。因此，没有必要买很贵的白T恤。最后，要特别注意，除去衣服的叠痕。在穿之前可以用熨斗或蒸汽挂烫机熨平褶皱，只要没有褶皱就会给人一种完全不输大牌T恤的效果。

注意点▼

一些品牌的圆领T恤面料有一定厚度，衣领大小也合适，版型优秀，无论哪一方面都非常完美，性价比也很高。大家可以多作比较，再行购买。

下摆的长度在刚刚盖过
腰的位置为宜，即使单
穿一件白T恤也很清爽，
不会显得很懒散

④ 条纹衬衫
不会出错的细条纹衬衫

在我看来，能够在一瞬间营造出清爽感的单品是条纹衬衫。我们经常能在街上看见穿格子衬衫的人，但实际上格子衬衫的搭配是有一定难度的，它更适合有一定穿搭经验的人，花纹的种类、色彩的搭配以及服装的搭配等方面都需要有较高的品位。在这一点上，条纹衬衫因其竖条纹的简约设计，无论谁穿看起来都会更加时尚且干净清爽，是一款很容易穿好看的单品。

"没有人会对穿条纹衬衫的人有不好的印象。"虽然这话看似有些绝对，但我教过的很多女性学员都表示，对穿条纹衬衫的男士会更加关注。

与普通的衬衫相比条纹衬衫看起来略带正式感，日常、工作都适合穿。若是带有衣领扣的款式，领子就可以很轻松地立起来，使颈部留有部分空间，视线也会自然上移，而且不会给人懒散的感觉，恰到好处地营造了正式感。在条纹的色彩搭配方面，推荐白底深蓝色的条纹。这种条纹的衬衫可以使人看起来更加干练。此外，若条纹的宽度太宽，则会有点孩子气，推荐选择宽度较窄的条纹。面料要选择易清洗、手感柔软的纯棉材质或是含有聚酯纤维的混纺面料。

即使搭配正装三件套
（西装外套、西裤、
马甲），也能凸显清
爽感

条纹衬衫不仅可以充当外套的
内搭，作为外搭也很适合。穿
的时候可以不系扣，就直接穿
在T恤外，看起来就像是普通
T恤和牛仔服的搭配

⑤ 针织衫
想营造清爽感就交给蓝色的圆领针织衫吧

蓝色是象征清爽的颜色之一。我个人认为只要穿着蓝色的衣服，看起来就像个好男人。虽然这是句玩笑话，但在问卷调查中，蓝色也是女性好感度很高的颜色之一。针织衫借助蓝色的魅力，轻松营造清爽感。虽然蓝色有多种多样的色调，但首选应该是深蓝色。深蓝色是能给人带来信赖感的颜色。例如，英国王室的专属色——皇家蓝是非常出名的，一些企业的标志也常使用深蓝色。我觉得没有比深蓝色更适合成年人的颜色了。

针织衫的版型要选择可以包裹脖子的圆领。因为 V 领和 U 领等露出胸口的设计会略显女性化，搭配也会变得困难。若想在针织衫里面叠穿 T 恤或衬衫的话，可以选择宽松一些的款式，同时，也不要让内搭衣物的袖子和纽扣露在外面。

高针目、网眼较小的针织衫，不论是工作还是日常穿都很合适。羊毛面料的衣物在春季穿会很闷热，因此我更推荐棉或聚酯纤维等面料，也很耐穿。混合人造纤维的衣服会更加柔软、有光泽，穿搭时也能凸显品位。

注意点▼

与价格相比，人们更关注的往往是衣服的质地、做工及款式。只要做到不穿起球、不开线或袖口不会过长，就能很好地提升好感度。

杰尼斯事务所（日本著名艺人经纪公司）旗下的艺人经常在穿搭中使用的技巧，便是深色上衣内搭白色长T恤。通过在深色系中加入白色，在增加清爽感的基础上，使服装看起来更加合身，这一技巧适用于每个年龄层的人

Uniqlo U 系列除 T 恤之外，经典色的圆领针织衫也非常优秀，其优点是版型漂亮

推荐购买 100% 有机棉的针织衫。有机棉质地柔软，对皮肤友好，其最大的优点之一就是洗后也不易起皱

⑥ 大衣
上衣的正确选项，
工作、日常均适合的藏青色翻领大衣

　　为了每周两天的休息日，冲动买一件高价的大衣，还是很需要勇气的。但如果工作日、休息日都能穿的话，那还是很划算的。能实现大家这一愿望的便是翻领大衣了。翻领大衣是指衣领翻折、单排扣的简约外套。除夏天外，其他季节都可以穿。

　　挑选时要注意大衣的长度。商务场合要选择长度齐膝的大衣，这个长度无论是走路时，还是脱下搭在手上时都很轻松，而且在日常生活中也不会过于夸张，反而让人显得更加干练。

　　选择较深的藏青色更容易搭配。藏青色大衣一般披在西服外面，给人的印象很沉稳，实用性高，能轻松应对各种场合。而且，上衣在穿搭中所占面积较大，能影响一个人整体的感觉。另外，藏青色比黑色更具随意感和清爽感。

　　面料太薄的上衣，看起来可能会很单薄，所以要选择面料有一定韧性、领子能挺立的大衣。

注意点▼
很多品牌的"防风翻领大衣"都非常优秀，大家可以挑选面料有韧性，而且有一定厚度的款式。

如果衣服内衬可拆卸的话，穿起来会更加方便。若想要工作、日常都可以穿，则要尽量选择合身的尺寸

⑦ 连帽卫衣
备受女生喜欢的灰色套头连帽卫衣

卫衣是很受女生喜欢的单品之一。由于帽子的作用，脖子底部留有一定的空间，能产生瘦脸效果，是一件非常好搭配的单品。而且，肩部和胸部也有一定的宽度和厚度，虽然看上去休闲但也能很好地塑造出倒三角形的轮廓，所以是一定要加入个人衣单的必备单品。因为卫衣一旦搭配不好就会看起来像学生一样，所以有的人对其敬而远之。但如果我们注意卫衣的挑选方法就能避开这一缺点。要点只有一个，那就是"像挑选外套一样去挑选卫衣"。

一件好的卫衣，面料要有一定厚度且结实，活动时肩膀不会太费力，袖长和衣长也要合适。这就是挑选卫衣的标准。用外套的标准挑选出的卫衣更加整洁，不会有孩子气。拉链式的卫衣更偏日常化，所以要选择套头式的连帽卫衣。

颜色最好选择灰色。因为灰色会给人沉稳的感觉，而且会让人感到更加平易近人，有亲切感。特别适合假期的休闲穿搭。

注意点▼

卫衣等宽松的衣物，即使便宜也不会显得很廉价。如果要选择便宜一点的卫衣，推荐优衣库。如果想买价格稍高一点的，能穿更长时间的卫衣，则推荐ORCIVAL。

要选择帽子不紧贴肩膀且立体挺阔的版型。正面的口袋和胸口的纽扣可有可无，若胸前有花纹或商标图案的话，会很有学生感，所以要选择素色的

卫衣最合适和锥形裤搭配，比搭配牛仔裤更加精致、有气质，即便穿一双运动鞋，也不会显得孩子气

错误示范

衣身过长或者整体过于宽松的卫衣，会让人看起来很懒散。卫衣如果搭配宽松裤子或美式、街头风格的单品，会更加显得孩子气，所以不做推荐。

⑧ 条纹
横条纹一定要选择这两款

横条纹长袖针织衫也是非常受女性喜爱的单品，不仅会给人温柔、真诚的感觉，还会使人看起来很有品位。我个人感觉穿横条纹的男人能成为一个好丈夫，甚至能从这样的穿搭中感受到包容。当然，横条纹的搭配能力也很出色。

横条纹在颜色、条纹的粗细等方面有各种各样的款式，成年男性只需要有两种款式就足够了：白底黑色局部横条纹和藏青底白色条纹。局部横条纹是指从胸部上方到肩膀或下摆等地方没有条纹的设计。这两种条纹比普通的横条纹更显气质，看起来更加成熟。选择哪一种都可以，如果两种都有的话能增加搭配的多样性。领口比较推荐包边圆领和船领。船领就是如右侧插图所示，颈部领口呈船状。

在挑选针织衫时需要试穿吗？可能有很多人会直接买固定的尺码，但购买横条纹针织衫时我建议大家一定要试穿。横条纹如果间距过大的话，看起来可能会很显胖。所以，要先试穿，选择较宽松的尺寸是最合适的。

注意点▼
一些品牌的"横条纹长袖 T 恤"面料手感舒服，有一种恰到好处的成熟感。

局部横条纹部分的比例以及衣服的长度请参考这幅图。很多人都认为白黑横条纹是最具清爽感的，也非常适合假期约会

叠穿两件衣服时，选择针织衫面料会更加方便。藏青色底的横条纹针织衫内搭白衬衫，很好地平衡了休闲感和精致感，看起来很有品位

脚下搭配干净的白色运动鞋或皮鞋，会更加整洁。搭配平底皮鞋也很合适，在这种情况下，袜子要穿不会露出的船底袜。这种小心机也是横条纹穿搭的秘诀

⑨ 运动鞋
皮革运动鞋既休闲又不会显得过于严肃

决定成年人休闲风格的标准有一项准则。那就是一定要在穿搭中加入一件精致单品。"精致"简单来说，就是指在商务场合中穿戴单品所具有的"简约感"。说到这样的单品，比较有代表性的是西装外套、皮鞋和衬衫。此外，具有"皮革面料""纯白色""直线轮廓"这些特征的物品，也可以说是精致单品。

于是，皮革运动鞋登场了，这是在代表休闲风格的运动鞋中加入了皮革这一精致要素的单品。所以即使和其他休闲单品搭配，由于皮革的精致感也不会显得孩子气，还会提升穿搭的精致感和档次。

推荐阿迪达斯的"Stan Smith"。与合成皮革相比，要选择无光泽的白色光滑皮料。正因为是略带正式感的单品，所以色彩的选择也很重要。在配色中使用的颜色最好选择黑色或灰色等沉稳的颜色。推荐黑色的一脚蹬皮鞋。一脚蹬皮鞋可以当作休闲平底皮鞋，鞋底部分选择白色会显得更加随性。

鞋跟

鞋舌

"Stan Smith"的鞋舌和鞋跟部分的颜色有很多种，最百搭的是灰色和黑色。经典款的绿色过于突出，不太容易搭配

错误示范

像篮球鞋等厚底运动鞋极难搭配

　　像设计华丽、充满科技感的篮球鞋等厚底运动鞋会很容易吸引人注意，因为在穿搭中要考虑的元素有很多，需要平衡整体。就像最开始我告诉大家的那样，穿搭是需要从头到脚来考虑的。先决条件就是要选择更方便搭配的基础单品。

如果要买黑色一脚蹬皮鞋的话，推荐设计简约、价格合适的品牌

⑩ 皮鞋
经典的深棕色皮鞋

皮鞋是极具商务风格的单品。深棕色皮鞋在日常休闲生活中穿可以为休闲风增加一点复古感，是能兼顾工作、日常所需的单品。通过给脚下增添一点绅士氛围，塑造出一种不会过分放松的精致休闲风格。虽然黑色也不错，但是深棕色会使人看起来更休闲、放松，也很容易与其他服饰搭配。另外，在颜色上，与偏红色的颜色相比，偏黑色的茶色会更容易搭配单品。

皮鞋实际上有很多款式，基本上只要有简约感，无论什么款式都可以。如果犹豫的话，选择光面皮革的手工皮鞋是不会出错的。此外，皮鞋的使用寿命很长。虽然购买一双上档次的皮鞋，用于打造成年人的精致感是很不错的，但最应该优先考虑的是清爽感。价格在一千元左右的皮鞋也很耐穿，如果认真擦鞋油，使鞋头保持光泽感的话，就能百分之百发挥出皮鞋的精致感。若能坚持做到"皮鞋穿一天休两天"，那么穿的时间会更久。

对于推荐的品牌，价格适中的是 Jalan Sriwijaya 和 PADRONE。这两个品牌历史悠久，因为设计风格偏正统，所以能满足大家对于高品质的需求。而在一些西装店中经常销售的是 JOSEPH CHEANEY，价格会偏高一些，但每次穿上脚的感觉都很舒适，是可以穿一辈子的皮鞋

穿搭基本法
男士时尚图鉴

① ZARA
适合挑选流行单品

很多快时尚品牌都会推出在穿搭中起到点睛作用的小物品或版型优秀的单品。ZARA 会在设计中适当加入流行元素，设计出个性化的单品。另一方面，ZARA 不仅有很多简约单品，还有整体看起来很重要很时尚的商品。另外，商品更新速度很快，一周上新一次，所以几乎不会出现与他人撞衫的情况。其中我最推荐的是以下三件单品。

首先是鞋子，这一点在之前也提到过，以一脚蹬皮鞋为代表的运动鞋非常不错。ZARA 的鞋子多为时尚的、鞋身细长的款式，穿上一双这样的鞋子能给穿搭加分，营造出时尚的形象。再比如，经典款黑色皮包在设计和细节上加入了一些流行元素，工作时使用会很容易搭配，与日常的休闲穿搭也很搭。除此之外，套装也非常漂亮。很多衣服能很好地修饰体型，而且尺码齐全，对小个子或身材瘦弱的人来说非常友好。黑色和藏青色等经典暗色系十分好看，但要好搭配的话还是灰色和棕色等中间色。

ZARA 的套装版型非常
优秀，颜色也是时下流
行的，不仅在工作时好
搭配，在日常的休闲风
格中也很容易搭配。价
格合适，可以根据季节
入手不同的套装。浅灰
色也非常适合夏天

② GU
不会暴露价格的服装

　　GU 的特点是流行单品很丰富，而且能以比其他品牌更低的价格入手，可重点关注尼龙面料的服装和夏季服装。

　　尼龙面料经常用在轻便的外套和小物品上，比如，尼龙派克服、腰包、尼龙运动鞋等，但GU的外套和皮鞋等偏正式感的单品，很容易显得廉价，所以选择休闲系列的单品是不会出错的。

　　而且使用化纤材质的轻薄夏季服装也很不错，比如说颜色和花纹丰富多样的主厨裤（工装裤的一种）和敞领衬衫等。总之价格很便宜，也能挑战一些比较新奇的物品。

　　GU 虽说是可以配齐全身单品的品牌，但因为 30 岁以上的人在穿搭中需要有一定的严肃感，所以与其全身都穿 GU，不如只买几件单品比较好。如果要买合身的外套和九分裤的话，还是选择优衣库比较好。

注意点▼

棒球帽和针织帽等小物品也很不错，因为设计很简约，所以男女均可使用。

只有在活跃的户外活动场景和
心情舒畅的假期时，才能完全
发挥出流行感满分的 GU 单
品的魅力

③ GLOBAL WORK
面向年轻父亲的假期家庭装穿搭

如果一家人去购物的话，一定要去逛逛 GLOBAL WORK 。这个品牌有很多简约的针织衫和连帽卫衣等适合假期搭配的单品，贴近日常生活，不会太过于张扬，程度刚好。

而且各种类型的商品数量非常丰富，价格也比较合理，只要一千元就能搞定包括小饰品在内的整套穿搭。不仅有男士的服装，还有女士和儿童的服装，可以满足一家人的穿搭需要。

有代表性的单品是漂亮的彩色针织衫和线条完美的显瘦西装裤。

针织衫和 T 恤的魅力在于色调搭配得非常微妙。比如，优衣库的彩色单品中所使用的卡其色，是较深的颜色。与此相对，GLOBAL WORK 大多采用一些色调偏浅的颜色，不容易与别人撞衫，如果想要营造出具有清爽感的轻松风格，一定要尝试一下。

假期穿一件长款的西装领
大衣也很帅气，直筒版型
有拉长身材的效果，可以
给穿搭加入一点精致要素，
营造出潇洒帅气的形象

④ Banana Republic
引起成年人的爱玩之心

　　大家去过 Banana Republic 吗？这是 GAP 公司旗下的一个美国品牌，在日本东京、大版、名古屋等地都有店铺。因为店铺数量不多，所以知名度也不是很高。但其线上店铺非常完善，网上购买也很方便。

　　这一品牌主打的是简约且颇具正式感的单品。如果大家觉得 Paul Smith 的风格很合理的话，可能会更容易理解。Banana Republic 十分擅长制作印花单品，以沉稳的配色为基础，搭配带有成熟童趣感的印花图案，非常好看。推荐给四五十岁的人。

　　我个人比较关注小物品，其短袜和领带的花纹和配色别具一格，有很多让人眼前一亮的设计。将动物印花和圆点图案加入到设计中，会使人看起来更加时尚，而且也不会过于突出，还能成为约会闲聊时的话题，给对方留下深刻的印象。另外，我也推荐把这类印花的短袜或领带作为礼物，我经常给男性朋友们送这样的小物品。

在穿印花衬衫时不要太板正，可以把袖口挽起，并把胸口处的纽扣解开两颗，下摆露在外面会更加休闲。另外，脚上要搭配精致皮鞋，来进一步提升品位

⑤ COMME CA COMMUNE
知性、休闲风要这样选择

　　如果想要恰当地营造出经典感的话，就去 COMME CA COMMUNE 吧。该品牌的服装风格非常受女性喜欢，主打工作、日常均适用的颇具经典感的风格。不论是男性还是女性，应该没有人不喜欢有品位且具清爽感的经典风格吧。

　　对于喜欢像布克兄弟（美国服装品牌）和 MACKINTOSH（英国服装品牌）这样正式风格的人，特别推荐大家去尝试一下 COMME CA COMMUNE。在日本共有 13 家店铺冠名该品牌，并且在系列品牌的 COMME CA ISM 和 COMME CA STYLE 的店铺中都会统一上新，所以在日本各地都能买到。

　　COMME CA COMMUNE 的特点是对于容易出错的格子和多色菱形花纹的单品，也设计得很成熟干练，成年男性穿上身也会显得很有品位。另外，该品牌的上衣也很不错，它是以最简单的版型为基础，再加入组合不同素材的设计，便能获得与众不同的穿搭。

　　这也是 COMME CA COMMUNE 的特点，缝制走线很漂亮！因为做工很精致，所以考虑到品质便能接受它的价格了。

缝制走线非常漂亮，经典款藏青色西装夹克也很出色，如果与格子裤和平底皮鞋搭配的话，将会打造出一种很完美的经典风格，在这种时候白色袜子就发挥了很好的作用

⑥ koé
引人注目的品牌，氛围感满满

koé 的经营范围不仅涉及时尚，还涉及现代酒店和美食行业。虽然店铺数量较少，但是如果看到的话一定要去逛逛这个品牌。

koé 制作的西装，看起来很有质感。大多是整体宽松舒适的版型，特别是很多单品男女均可选购。

其品牌的服装样式本身不是很多，但魅力在于有很多单品都是在简约设计的基础上，对版型进行了特殊设计，充满了时尚感。

作为一个品牌，能够致力于保护资源和环境，这一点值得好评。今后的时尚行业也会不断推进环保设计，所以从这一观点上来看，大家作为消费者也可以考虑选择一些环保单品。

特别推荐舒适的休闲裤，比如，缎面材质和印花图案等，只需要入手一件就能塑造出时尚感十足的成年人街头风格。很多下装也是男女皆可选用的，可以和伴侣一起分享穿搭的乐趣。

立领衬衫也是应该入手的单品。包裹颈部的立领衬衫和有衣领扣的衬衫拥有相同的优点，都会让人感到胸部有一定的厚度，更容易塑造出倒三角身形

穿着舒适的休闲裤由于特殊面料和版型的设计，不会显得很懒散，整体的穿搭也会变得更加时尚

品牌分布图、各年龄段的推荐品牌

专栏
1

　　在该部分中主要介绍品牌分布图和不同年龄阶段推荐的品牌。品牌分布图主要以"价格""精致度""休闲度"为坐标轴来分布，各年龄段的推荐品牌以表格形式来展示。当然，这并不是意味着只能穿对应年龄段的服装，坐标轴上展示的只是大致的目标，请找到符合自己风格的品牌。

品牌分布图

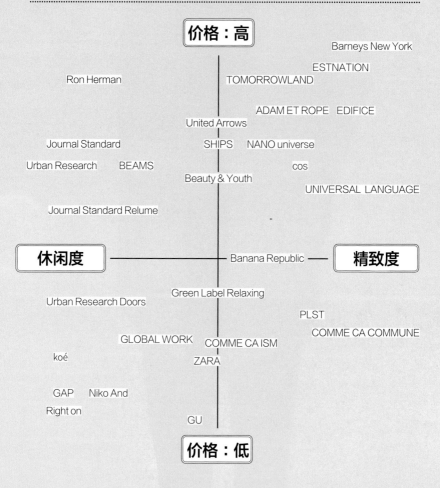

各年龄段的推荐品牌

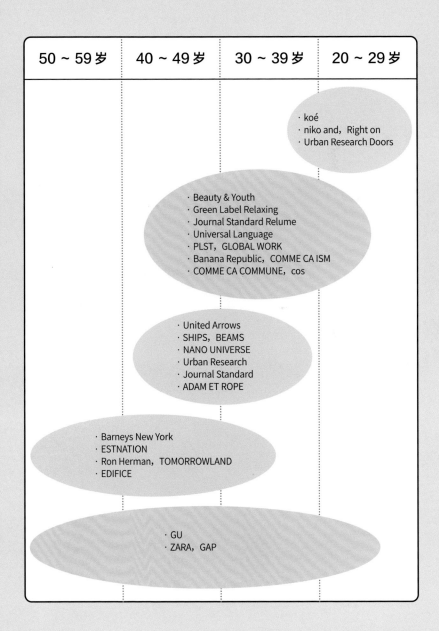

50～59岁	40～49岁	30～39岁	20～29岁

· koé
· niko and，Right on
· Urban Research Doors

· Beauty & Youth
· Green Label Relaxing
· Journal Standard Relume
· Universal Language
· PLST，GLOBAL WORK
· Banana Republic，COMME CA ISM
· COMME CA COMMUNE，cos

· United Arrows
· SHIPS，BEAMS
· NANO UNIVERSE
· Urban Research
· Journal Standard
· ADAM ET ROPE

· Barneys New York
· ESTNATION
· Ron Herman，TOMORROWLAND
· EDIFICE

· GU
· ZARA，GAP

男士的"绝对领域"

休闲、西装、
时尚技巧

本章将对休闲装、西装以及凸显时尚的穿搭技巧进行讲解，
也会涉及有一定难度的色彩搭配方法。相信阅读本章后，
便能毫不费力地完成日常穿搭。

男士的"绝对领域"

① 男士要突出"绝对领域"的魅力

能让男士看起来更加帅气的身材就是倒三角身材,这一点已经在上文中提到过。而且,在上一章中也介绍了能营造出清爽造型的十件基础单品。

接下来就是具体操作了。以第一章中的十件基础单品为例,向大家介绍塑造倒三角身材的要点。其中,最重要的一点便是打造"男士的绝对领域"。"绝对领域"是指在男性身上能让对方感到可信赖和可依靠的身体部位。充分发挥这此身体部位的魅力,也是很受欢迎的穿搭窍门。塑造倒三角身材的另一个要点是要打造出从脚尖到脚踝的轮廓。在此发挥作用的是第一章中介绍过的锥形裤。"发挥绝对领域的优势"和"打造脚踝处的轮廓"——只要抓住这两点,就能塑造出完美的倒三角身材。本节将介绍仅通过模仿就能塑造出完美风格的技巧。另外,还会介绍突出季节感的单品和简约时尚的小物品。大家可以根据季节和场景,选择合适的单品。

为了突出"绝对领域"，塑造出倒三角身材，下装要选择锥形裤，这样才能塑造出整个造型

基础单品⑩深棕色皮鞋

② 不论工作还是日常，都要充分发挥"绝对领域"的魅力

我在书中多次提及的男士"绝对领域"以及穿搭时应该追求的目标正是指塑造出倒三角身材。

具体来说，"绝对领域"是指从颈部以下到肋骨，包括肩膀在内的部分。联想一下橄榄球选手的形象应该就容易理解了，垫肩这样保护肩部到胸部的护具覆盖的范围就是绝对领域。

超人、蝙蝠侠、钢铁侠等漫画和电影作品中出现的超级英雄，对倒三角身材的塑造都格外突出。由此可以看出，将"绝对领域"打造得饱满，才能让他人感到有安全感，看起来也更有男子气概。

突出"绝对领域"，反而会让视线不再关注原本很在意的肚子，能够自然地修饰体型。如果是西装风格的话，领带、马甲、领带别针、口袋方巾等都是能在视觉上增加胸部厚度的单品。

仅仅是胸口变得立体一些，"绝对领域"就会变得饱满，整体的气质也会发生很大变化。因此，在与重要客户见面以及项目会议等重要商务场合，非常推荐这种穿搭。

领带别针和口袋方巾

领带别针的位置应该在西装上
衣第三颗和第四颗纽扣之间。
稍微把领带提起，系出弯曲的
弧度，将别针别在弯曲处，稍
微隆起一点就可以了。方巾只
需折叠后放在胸口的口袋处

领带和马甲

领带和马甲的搭配会营造出很有品位
的形象。因此，特别适合在重要场合
时穿，也能表现出自身的专业与真诚。
马甲的颜色可以选择与西装上衣相同
的颜色，会比较容易搭配。在购买西
装时，直接选好三件套就能轻松无烦
恼地解决穿搭了。马甲要选择合身的
尺寸，这样看起来更帅气

③ 日常穿搭中凸显"绝对领域"的必备技巧

在日常的休闲穿搭中凸显"绝对领域"也是不错的选择！不仅能给人留下真诚的印象，还具有瘦脸和拉长腿部的修饰效果。同时，能打造出不会过于刻意的装扮，但也不会看起来很懒散，营造出简洁利落的成年人形象。

在休闲风格中，不可能像在西装穿搭中通过领带和口袋方巾来修饰胸部。相反，希望大家将关注点放在衣领上。突出衣领，会让他人的视线往上移，营造出肩宽和胸部很强壮的形象，从而使他们感到"绝对领域"部分十分饱满。这样的话，同样能达到和穿西装时一样的可靠的效果，而且还有瘦脸效果。下装如果搭配锥形裤等单品，也会使视线自然上移，塑造出倒三角形的身材，而且还有修饰腿部的效果。

那么，怎样来突出衣领呢？只要在穿搭中使用接下来将要介绍的这六件单品即可，可以说这些经典单品是适合所有人的。请根据季节和场合，选择适合的单品来搭配。

穿搭基本法
男士时尚图鉴

有衣领扣的衬衫

说到有衣领扣的衬衫，可能会有人想，"仅靠这一件衬衫就能改变印象吗？"我的答案是，穿上后形象会完全不同。有衣领扣的衬衫与普通衬衫不同，它的魅力在于领子非常挺立，不会塌

立领衬衫

立领衬衫也能很自然地突出衣领部分。因为立领衬衫包裹住颈部，所以会让人感觉颈部到胸部这一部分有一定的厚度，不仅有清爽感，还会给人一种很有品位的印象。素色的卡其色衬衫适用于每个季节，也很好搭配

立领大衣

秋冬季节，推荐大家一定要
尝试立领大衣。衣领挺立起
来，领尖如果整理得当的话，
视线会往上移，营造出很绅
士的形象，其他外套则要选
择军装夹克或牛仔外套

基础单品⑥藏青色翻领大衣

冬季围巾

围巾位于大衣外部，是可以直接突出"绝
对领域"的重要单品。一条好的围巾能用
很多年，作为对自己的投资，可以选择山
羊绒或其他高品质面料的围巾。灰色和棕
色等深色系的围巾适合于商务场合，系法
也很简单，可以是单圈系法，也可以是插
画中的纽约卷系法。因为是季节性的单品，
所以大概可以使用到3月

高领针织衫

经典款高领针织衫推荐选择能作为外套内搭的轻薄款高针目针织衫，工作、日常均可穿。高针目针织衫使用的是几乎看不见编织针眼、密度非常高的面料。黑色和藏青色是绝不会出错的百搭颜色。此外，棕色季节感十足，显得非常休闲放松。但如果单穿高领针织衫，恐怕会显得过于成熟，最好与外衣搭配着穿

基础单品⑦灰色套头连帽卫衣

连帽卫衣

在第一章中提到，套头连帽卫衣可以增加胸部的厚度，也就是说，能突出"绝对领域"。担心穿搭会过于休闲的人，可以搭配在套装里，更显成熟气质，脚下穿一双干净的白色皮革运动鞋即可

基础单品⑨皮革运动鞋

西装

① 最关键的不是价格，而是尺寸

西装最重要的是尺寸。与其买一套非常昂贵的西装，不如选择一套合身的，会更有高级感，看起来更加帅气，给人的好感度也会倍增。

西装的要点也是倒三角身材。选择的要点是能塑造出倒三角身材，并且适合自己的体型，请大家牢记这一要点。

关于上衣尺寸的选择，在试穿时系上一个纽扣能够使腰部稍微收紧的尺寸是最好的。这样的话，能轻松塑造出倒三角身材，肩膀看起来很宽。袖长的标准是将手掌放在桌子上，垂直伸直胳膊时，袖子不会遮盖手背，如果袖子过长，会有一种"被衣服支配"的感觉。

西裤的版型也同样重要。西裤要选择修身的版型，这样，下半身会更加苗条。不夸张地说，西裤的线条可以决定一套穿搭的成败。

西装不挑体型，是能够修饰体型的单品。只要在选择尺码时，记住要让体型呈现倒三角，身材就会看起来很好。

错误示范

如果上衣和裤子版型过大的话，整体造型会没有重点，也无法塑造出倒三角身材，还会更显胖。

裤腿的长度应该能稍微盖住鞋背或者不盖住鞋背，两者都会，但要注意臀部周围不能太紧

基础单品⑩深棕色皮鞋

② 拥有三套不同颜色的西装就足够了

　　西装在商务场合下能增加信赖感和专业感，可以决定你的个人形象。为了能在不同的场合下灵活自如地搭配，要提前准备三套不同颜色的西装。

　　如果一直穿一套西装，会容易出现破损，耐用性也会下降。所以，为了提高搭配率，要准备三套西装。但没有必要买高价的西装，因为西装本身状态与清爽感直接相关，所以与破旧的高级西装相比，一件耐穿的平价西装既有清爽感又实惠。

　　三套西装要选择不同的类型的，这样可以使穿搭风格更加多样化。首先是最经典的藏青色，这是可以让人感到清爽并给人以真诚印象的颜色。其次是深灰色，更具稳重感和信赖感。最后是细条纹，很多人会在非常重要的场合选择细条纹西装，它能给人一种从容不迫的印象。要注意的是条纹的宽度。想要穿好宽条纹，需要有一定的穿搭经验和社会阅历，我个人认为可能要在 40 岁左右才能穿。

藏青色

深灰色

细条纹

穿西装时，脚下也要保持干净。
用心保养皮鞋，让它保持光泽
度，这样即便是平价西装也会
看起来更有品质

③ 与时装模特相比，参考男播音员的穿搭更好

如果烦恼每天早上的通勤装选择，可以参考男播音员的穿搭。大家可以从追求清爽和好感度的播音员穿搭中获得很多启示，而且可以直接模仿，比如说西装的搭配方法、具有季节感的领带和衬衫的选择方法等。

时尚杂志上刊登的模特穿搭，具有很强烈的个人风格，很难想象出自己穿时的形象。在这一点上，播音员的体型更会接近于大众，穿搭也更实用。在看早间新闻和电视节目时，可以顺便关注一下播音员的穿搭。

上班前可以参考 NHK 高濑耕造的穿搭，或者参考日本电视台的晚间播音员藤井贵彦，他经常使用粉色和黄色等亮丽单品，也非常擅长花纹领带的搭配。TBS 电视台的安住绅一郎，他的风格主要是藏青色和蓝色的同色系穿搭，无论是谁都能轻松驾驭。富士电视台轻部真一的轻松休闲风穿搭，可以为您日常生活中的西服三件套搭配提供灵感。

即使隔着屏幕也能给人留下好印象，请大家一定要参考这种穿搭方式。在线上会议和商洽时，细条纹西装是非常合适的选择，颜色鲜艳的领带和白色的口袋方巾能帮助搭配

上衣和裤子不同颜色的情况下，请参考这一穿法。通过协调领带、口袋方巾和裤子的颜色来营造统一感，这一技巧非常容易模仿

休闲装

① 成熟男性的休闲装，合身才能凸显品位

随着男性年龄的增加，休闲风格的塑造反而有一定的难度。年轻时白 T 恤配牛仔裤就很帅气潇洒，但年龄大了后，一方面身体线条会发生变化，另一方面在职场和家庭中承担的责任也越来越大，过于年轻的休闲穿搭风格已不太合适。因此，在成年人的休闲风格穿搭中最重要的便是展现个人品位。比例为休闲感占八成，各人特点与品位占两成，这就是黄金比例。

那么，根据这一比例该怎样来搭配呢？以下有两个方法。

第一个方法是"通过合身的单品来凸显品位"。比如，衬衫的纽扣全部系上的话，会给人一种很正式的感觉。相反，如果敞开两三颗纽扣的话，会给人一种平易近人的轻松感。所谓品位就是"得体"，也就是服装越合身，看起来越有品位。在整体的穿搭中，通过收紧某一部位，可以使穿搭更有品位，并不是要新增必要的物品。在第一章介绍过的基础单品中合身的外套，衬衫和锥形裤都能发挥这一作用。第二个方法将在下一页进行介绍。

衬衫的领子、上衣的腰部、锥形裤的裤脚都要合身，只要在穿搭中体现合身，就能进一步提升品位。相反，如果整体穿搭是宽松的话，会给人留下随性休闲的印象

基础⑩深棕色皮鞋

② 在休闲风格中加入精致配饰，提升品位

增添成年人休闲风格品位的另一个方法是在穿搭中加入精致配饰。说到品位感十足的代表性服装，我个人最喜欢是英式传统风格服饰，这种未受到英国绅士时代影响的服装有着经典、传统的魅力。因此，这里所说的技巧就是将第一章中介绍的精致单品，特别是适用于英伦风格穿搭的配饰，使用在休闲风格穿搭中。

首先要介绍的是口袋方巾、皮鞋以及眼镜。口袋方巾的魅力在前文已经介绍过，它是传统西装中不可或缺的配饰。可能会有人认为：与口袋方巾和皮鞋相比，眼镜与传统风格应该没有关系吧？但事实上镜框的形状也能改变一个人的气质，最基础的威灵顿框和波士顿框都是英式传统风格中经常使用的。在这三件单品中任意选择一件进行搭配，就能塑造出知性的穿搭。

注意点▼
威灵顿框的镜片呈倒梯形，会给人一种高冷的印象。相反，波士顿框镜片呈圆形，看起来比较温柔。

休闲感十足的横条纹衫，加上眼镜和棕色皮鞋这样的精致配饰，假期摆脱不修边幅的形象，营造出知性且有品位的感觉

基础单品⑥藏青色翻领大衣

基础单品⑧黑白条纹衫

白 T 恤和西装外套的简约穿搭，只要稍加修饰就能大幅提高时尚度，可以搭配上皮革运动鞋和口袋方巾等，如果再戴上皮带手表的话，会显得更有气质

基础单品①简约黑色外套

基础单品③白 T 恤

基础单品⑨皮革运动鞋

基础单品②黑色锥形裤

基础单品⑩深棕色皮鞋

③ 露出一点白色，看起来会年轻三岁

对于成年人来说，"看起来年轻"和"装年轻"的区别是一个很难回答的问题。"虽然我想让自己看起来更年轻，但又不想被别人说是在装年轻"，想必很多人都为此而烦恼。例如，一些纯色的单品或印有大花纹和商标图案的衣服，如果搭配失误，就会让人看起来像在故意装年轻。35 岁以上的成年人只要看起来比实际年龄年轻三岁就可以了。

我推荐给大家的是在基础单品中介绍过的白 T 恤。所谓的年轻也就是指清爽感，使用清新的白色来进行搭配，使穿搭产生清爽感，也能营造出年轻的形象。

搭配方法很简单。在针织衫等衣服里穿一件白 T 恤，稍微露出领子和下摆即可。这样就能使整体的风格产生清新感，看起来也更年轻，也达到了"显年轻"的目的。

除了白 T 恤，白色表盘的手表、白底鞋子等都是能增加清爽感的单品。关于白色的调色效果，将在色彩搭配教程 ⑬ 进行讲解。

即便是全身黑色穿搭，如果可以有效地使用白色，也不会显得俗气，反而看起来很时尚。稍微露出一点白色的穿搭技巧虽然简单，但没有"装年轻"的感觉

基础单品③白 T 恤

基础单品②黑色锥形裤

④ 用一套黑色套装完成基本穿搭

在第一章十件基础单品中介绍过的黑色锥形裤和外套，能作为套装来穿。这样的套装不仅适用于商务场合，在日常生活中也可以灵活搭配。只要有一套这样的套装，就不会在约会或重要场合时为穿搭而烦恼。若分开搭配，则能进一步增加穿搭的多样性。没有比黑色套装更百搭的服装了，希望大家一定要购买一套。

基础单品①西装上衣

如果在套装内搭针织衫或针织 T 恤的话，无论是在休闲的餐厅吃饭，还是出席稍微正式的场合，都能适用

基础单品②黑色锥形裤

基础单品①西装上衣

基础单品③白T恤

基础单品⑦灰色套头连帽卫衣

在连帽卫衣和运动裤的搭配中，如果搭配错误，就会看起来很懒散，但若再搭配一件外套的话，就能立刻增添稳重感，可以参考白色内搭的搭配方法

在锥形裤和白色衬衫的搭配中，只要披一件针织披肩就能立刻凸显帅气形象，让人感觉到成熟男性的从容不迫

基础单品②黑色锥形裤

基础单品⑨皮革运动鞋

基础单品⑩深棕色皮鞋

色彩搭配教程

① 成年人的穿搭准则"棕色经典款穿搭"和"单色运动穿搭"

接下来将开始介绍色彩的搭配方法。作为穿搭的基础，大家先掌握"棕色经典款穿搭"和"单色运动穿搭"的配色方法。只要掌握这两点，任何人都能营造出时尚精致的成熟风格。

此外，在男性时尚中最难的是"美式休闲风"，如果不能突出个性的话，会让人看起来很邋遢。前提是"棕色经典款穿搭"和"单色运动穿搭"适合所有人。"棕色经典款穿搭"是以经典款为基础的穿搭，在有衣领扣的衬衫、圆领针织衫等简约的单品中加入棕色的精致小物品就可以。

"单色运动穿搭"要控制颜色的数量，在白色和黑色的基础上加入运动单品即可。即便穿荧光色的运动鞋，也不会呈现孩子气，反而看起来很时尚。

清爽的单一风格。黑色和白色的搭配会很帅气，看起来也很有辨识度，而且还显瘦

蓝色牛仔裤搭配简约和浅驼色针织衫是非常具有代表性的穿搭。鞋子不要选择运动鞋，改为搭配棕色皮鞋和多色菱形花纹的袜子，会进一步提升经典感

基础单品②黑色锥形裤

黑色锥形裤在这一套穿搭中发挥了很大的作用。除了选择有科技感的运动鞋外，搭配白色皮革运动鞋，也能营造出十足的清爽感

棕色皮鞋更加能突出经典感

基础单品⑩深棕色皮鞋

② 追求清爽感，春夏的三件必备单品

春夏季节由于炎热和湿气，很容易让人失去清爽感。为此，我将向大家介绍几件新单品，分别是藏青色 T 恤、牛仔衬衫和白色手提包。

蓝色系和白色在人的色彩感知中是象征清爽、清凉的颜色。只选择这三件单品中的一件或者直接全部使用在穿搭中，都能摇身一变成为具有季节感和清爽感的穿搭。

藏青色也是西装中常使用的颜色，它看起来干净、清爽。夏天可以穿藏青色 T 恤，与黑色 T 恤相比，能使整体搭配的色调更加明亮和清爽。同样蓝色系的牛仔衬衫也是很清爽的单品，可以将它作为外搭。将牛仔衬衫穿在藏青色或白色 T 恤外，挽起袖口，就能在简约风格的基础上进一步增添时尚感。

白色手提包也是能够营造清爽感和休闲造型的单品。提手处的颜色不要选择鲜艳的颜色，藏青色、黑色、棕色、灰色这些颜色是不会出错的。

帆布面料的手提包容易
沾上污渍，较浅的污渍
可以用橡皮擦擦掉，注
意使用时要保持干净的
状态。在接下来的第三
章中会有详细介绍

牛仔衬衫要设计简
约，可以入手一件
简约的带领牛仔衬
衫。另外，为了能
在衬衫里内搭T恤，
推荐尺码选大一号

藏青色T恤可
以选购纯棉或
面料透气吸汗
的，这样即便
是深色服装也
能放心搭配

③ 彰显稳重感，秋冬的三件必备单品

秋季虽如"自古逢秋悲寂寥"的诗句所述，是容易引发思念或伤感情绪的季节，但同时也是展示男性魅力的好时节。大家一定要在穿搭中体现这一点，因此推荐大家试试粗花呢上衣、酒红色针织衫和绿色领带这三件单品。这些单品在商务场合也会给对方留下好印象。服装的颜色没有透明感，很高级，再加上秋冬季节质地较厚的面料，能进一步增加温暖感和稳重感，让人看起来更加有深度、有气质。

粗花呢上衣可以选择最经典的灰色。如果是棕色的话，则会更有秋冬的氛围感，但需要注意的是纽扣要选择简约的款式。双排扣的风格会过于突出，如果搭配错误，则会有"大叔气"。因为粗花呢上衣是很耐穿的单品，所以推荐大家在服装专卖店中购买。

酒红色针织衫推荐选择圆领且网眼较小的高针目针织衫。绿色领带可以选墨绿色这样的深色调，既能凸显稳重感，又能营造出知性的形象。

注意点▼

不能全年使用的季节性单品，特别是像外套这种耐穿的服装，最好是在服装专卖店中挑选一件品质和价格都较高且有正式感的服装，但像针织衫和衬衫这类快消品，选择平价品牌就可以。

粗花呢上衣搭配绿色领带，能使人看起来更稳重。粗花呢外套是百搭单品，与酒红色针织衫或黑色高领针织衫都很搭，下装选择经典的黑色锥形裤就好

基础单品②黑色锥形裤

基础单品③白T恤

白T恤在红色以外的地方，更能凸显成年人的从容与稳重。在颇具成熟感的酒红色中配上一点白色，营造出随意感，看起来更像一名时尚人士

④ 藏青色搭蓝色

巧妙搭配颜色的优点前面已经介绍过，接下来开始进入应用篇。通过颜色搭配，塑造更加清晰的个人形象。最关键的颜色有藏青色、黑色、灰色和棕色这四种经典颜色，配色方法非常容易模仿和使用，请根据不同的场景进行搭配。首先推荐的是藏青色搭配蓝色，同色系的渐变搭配，更容易体现统一感。裤子选择藏青色会更加利落，藏青色和蓝色搭配能给人一种很清爽和干净的印象，特别推荐春夏季节使用。

基础单品⑤蓝色圆领针织衫

基础单品蓝色针织衫搭配藏青色裤子，再配上黑色眼镜和深棕色皮鞋，显得干净利落

基础单品⑩深棕色皮鞋

⑤ 黑色搭棕色

棕色是很多人不擅长使用的颜色，但如果能够巧妙使用的话，会给人一种"很会穿"的感觉。而且，棕色还是近几年的流行色。大家不要认为棕色很难搭配，实际上和黑色搭配就很帅气。非常简单的一种穿搭方法就是棕色衬衫搭配基础单品黑色锥形裤。在这里推荐的是白色单品，脚上搭配一双白色运动鞋，能够营造出清爽且随性的感觉，也不会显得俗气和朴素。

棕色衬衫选择较宽松的尺寸，更加凸显休闲感

基础单品②黑色锥形裤

基础单品⑨皮革运动鞋

⑥ 白色搭黑色

基础单品①简约黑色外套

基础单品③白T恤

要说最简单的颜色搭配，还是白色和黑色的单一风格。因为不用考虑白色和黑色是否协调，所以搭配起来非常轻松。要点是颜色面积的大小不同，形象也会随之变化。如果更多地使用白色，会营造出干净、温柔的形象。如果更多地使用黑色，则会营造出整洁、帅气的形象。

将基础单品黑色西装上衣和黑色锥形裤搭配使用，内搭白T恤，这一打造出随意感的穿搭非常简单。

脚上也可以搭配白色皮革运动鞋，或者高帮运动鞋也很不错，整体色调非常统一

基础单品②黑色锥形裤

穿搭基本法
男士时尚图鉴

⑦ 灰色搭藏青色

工作场合中经常使用的是西装上衣和西裤的搭配。灰色和藏青色是这一穿搭中的基础色，这一色彩搭配，在略带休闲风格的基础上，使人看起来很有品位。外套可以选择藏青色，但若下装使用藏青色会更能增加稳重感。

在使用亮灰色时，可以搭配黑色皮鞋和黑框眼镜等，用黑色来修饰整体造型，会更加凸显男子气概。

灰色上衣搭配藏青色西裤，是很有品位的工作穿搭，搭配平底皮鞋和眼镜，更显知性

⑧ 棕色搭藏青色

我最推荐的配色是棕色配藏青色，这一搭配会产生一种意式风格，使男士看起来更加性感。在棕色单品中，我特别推荐大家购买切斯特大衣。切斯特大衣的长度一般到膝盖或者在膝盖以下，设计类似于西装。将大衣披在藏青色高领针织衫的外面，瞬间变成有气质的男性。眼镜是非常百搭的装饰品，如果能与鞋子的颜色很搭配的话，则会从细节处提升一个人的时尚感。棕色鞋子搭配不同颜色的框架眼镜，这样穿搭就完成了。

想必很多人都有黑色和棕色这两个颜色的鞋子，为了与鞋子搭配，可以入手两个颜色的平价眼镜

基础单品⑩深棕色皮鞋

⑨ 灰色搭灰色

时尚人士的配色是灰色搭灰色。可能会有人认为灰色"看起来显老",是难度较高的中间色。正因如此,在穿搭中整身使用灰色的人会看起来非常时尚。这样中间色系的搭配,只要一套灰色的套装就能轻松完成。

为了用颜色的深浅突出穿搭的层次感,上衣可以选择浅灰色。内搭针织衫的话,适用于通勤穿搭,内搭连帽卫衣则适用于日常生活,最后用黑色皮鞋来点缀,希望大家尝试一下这种穿搭。

将白衬衫从衣领处露出,产生随意感和休闲感,也会把肤色衬托得更好看

⑩ 黑色搭黑色

因为这种搭配最简单也最常见，所以很多人的日常穿搭都是如此。但如果想让黑色系穿搭看起来更有品位，要点便是改变面料的质地，这样即便同样是黑色也更具层次感。

圆领针织衫搭配棉质或羊毛裤子、有光泽感的皮鞋，像这样第一眼看上去不明显的面料差异就是黑色系穿搭的特点。仅仅露出一点脚踝，就能营造出随意感。在通勤穿搭中，黑色套装内搭黑色针织衫，再露出一点白色衬衫，就会让人感觉"这个上司好帅啊"。

作为基础单品的黑色锥形裤要选择九分裤的长度，如果和运动短袜搭配的话，就能很自然地露出脚踝

基础单品②黑色锥形裤

⑪ 卡其色搭黑色搭白色

　　如果已经习惯了基础的配色，大家不妨挑战一下搭配经典色系中的另一个颜色——卡其色。卡其色和黑色的搭配是街上经常能看到的穿搭配色，在这一配色的基础上加入白色，会让人显得更加文雅。

　　当然这一穿搭也是非常简单的。在黑白条纹这一基础单品外，穿一件简约的卡其色衬衫就可以，下装搭配基础单品黑色锥形裤即可。这样的三色穿搭，会给人一种随性又自然的男性形象。

卡其色衬衫的袖口挽起，露出手腕，这样会更显休闲，黑色一脚蹬皮鞋和黑框眼镜在穿搭中营造出统一感

基础单品⑧黑白条纹

基础单品②黑色锥形裤

基础单品⑨皮革运动鞋

⑫ 以帅气为目标 ——"黑色配饰大作战"

　　接下来要介绍的两个技巧是我从给很多人做个人造型的经验中总结出来的，是无论男女"只要在穿搭中使用就能看起来很有品位"的必杀技。

　　而且这两个技巧简单易上手。仅需在穿搭中加入同色系的两至三件配饰就可以，这样一来既能使穿搭产生统一感，又会让人觉得"那个人好帅气"。下面让我们来看一下这两个小窍门。

　　首先是"黑色配饰大作战"。在穿搭中点缀黑色配饰，通过黑色的收紧效果，营造出既利落又有男子气概的形象。在单品的选择方面，只要以黑色为主色调，任何单品都可以。在穿搭中占面积较小的配饰更容易使用，当然，这也适用于工作和日常生活的穿搭。工作时可以选择黑框眼镜、黑色表带、黑色皮质商务包，日常生活中可以选择黑色针织帽、黑色帆布包。

　　上述单品没有必要购齐，使用已经拥有的配饰就可以。在本书介绍的单品中有很多都可以用于搭配，还没有黑色单品的人可以参考入手几件。

使用起来非常方便的黑色配饰有黑框眼镜、商务包、皮鞋这三件单品，能给人一种事业有成、很酷的印象

⑬ 轻松营造清爽感 ——"白色配饰大作战"

　　与黑色相比，白色是清爽和随意的代表。如果能挑选好白色配饰，就能营造出前所未有的清爽感。与黑色配饰相同，基本在穿搭中加入两三件面积小的配饰就可以，但白色更能增加多样性。推荐大家尝试在圆领针织衫的领子和下摆处稍微露出一点白色衬衫的"杰尼斯技巧"，如果再搭配白色运动鞋的话，会更加时尚，清爽感十足。

　　除此之外，如衬衫的白色纽扣、白色帆布质地的大手提包，甚至包上面印的白色图案都能起到点缀的效果。而且，手表表盘也可以选择白色，横条纹上衣的白色也可以发挥作用。

　　请先打开衣橱，检查一下可用于搭配的单品。像这样经典的黑白色配饰，大家应该都有几件，不妨从明天开始尝试这样穿搭吧。

从针织衫的领子和下摆处露出白色衬衫，或者在袖子处露出一点白色也不错，脚上穿的白色鞋子要尽量保持干净的状态，从而进一步提升清爽感

基础单品③白T恤

错误示范

不要穿浮夸的尖头鞋

　　根据对女性的问卷调查，最不受欢迎的鞋是尖头皮鞋，给人一种"看起来很轻浮""感觉不稳重"的印象。在穿鞋时，如果趾尖到鞋尖的距离超过3厘米，那么这类鞋子的外观会使人看起来很不稳重，所以要避开这种鞋子。另外，前端翘起的鞋子也同样会使人看起来有些轻浮，也不推荐选择这种鞋子。女性更希望男性具有的是真诚。

基础单品⑨皮革运动鞋

建议

① 光泽
最受女性关注的是这四个部位的光泽

　　包括我在内的很多女性会特别在意发型、睫毛、指甲和皮鞋等"尖端"部位。对于自己特别在意的部位，在关注自身的同时，相应也会去关注对方的这些部位。

　　也就是说，女性会非常关注男性的"细节"部位，特别是头部、右手、左手、双脚。那么，只要这些部位保持干净，就能提升清爽感，给人留下好印象。

　　首先是头部。男性没有必要做特别的头发护理，但一定要注意睡乱的头发和头皮屑。可以利用镜框反射的光线来给脸部周围增添光泽感，这是非常有效的方法，但如果镜片不干净、很模糊的话，则会达到相反的效果。

　　手部可以通过手表来增添光泽感。如果表盘和表带是不锈钢等有光泽的材质的话，仅靠这一点就能增添光泽感。最近，男士美容非常流行，所以在充分使用这些配饰的同时，做好手部和皮肤的护理也是非常重要的。

　　皮鞋的光泽不论男女都是关注的重点，所以一定要做好日常的保养工作。在穿之前可以仔细擦干净，清爽感体现在细节处。

镜片的光泽会使脸部周围看上去更加干净，也更具有清爽感

仅仅是表盘的光泽就能改变形象，表带可以是不锈钢材质，也可以是皮革材质，稍微休闲一点的会更加帅气

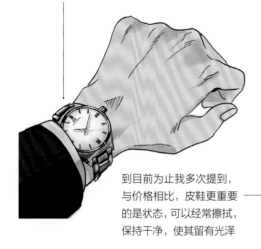

到目前为止我多次提到，与价格相比，皮鞋更重要的是状态，可以经常擦拭，保持干净，使其留有光泽

② 短袜
掌握短袜的搭配方法，改变时尚度

裤脚到鞋子之间的搭配能体现一个人品位，能很好地展示这一点的人看起来也会非常时尚。

短袜的搭配基本准则是要选择与鞋子和下装同色系的颜色。这样不会有违和感，而且还有拉长腿部的效果。偶尔想换一下心情，尝试有花纹或彩色的短袜也不错，推荐选择基础色调与鞋子或裤子相同色系的带有小波点或格子的短袜，不会过于引人注目，还能给人一种品位很好的感觉。

如果想要进一步提升品位，可以使用酒红色和墨绿色等深颜色的短袜。贸然使用原色（红、黄、蓝）中的红色是不可取的，如果能使用与裤子颜色稍微不同的颜色，就已经加入时尚人士的行列了。

传统英伦风格的塑造就像插图那样尝试从袜子处着手也很不错。让人出乎意料可以使用的是白色短袜，要点是不与运动鞋搭配，而要与棕色皮鞋搭配。这样一来，就能轻松完成前文所推荐的"棕色经典款穿搭"的时尚，就连脚下都展现着传统的氛围感。

小波点花纹是非常容易搭配的，有一种很自然的可爱感，也是很受女性喜爱的花纹。基础色调选择与裤子相搭配的藏青色会更协调

基础单品⑩深棕色皮鞋

基础单品⑧黑白条纹

基础单品②黑色锥形裤
酒红色是推荐大家一定要尝试的成熟颜色，不会过于夸张，还能增加一丝华丽感，可以选择与茶色相近的深酒红色

像多色菱形花纹这种有多种颜色的图案，基础色调选择暗色系会更加别致。传统英伦风格可以先通过短袜来体现

基础单品⑤蓝色圆领针织衫

基础单品⑩深棕色皮鞋

③ 眼镜
隐藏必备单品：每个人都要有一副眼镜

眼镜是装饰品。与视力好坏无关，每个人都要有一副眼镜。戴眼镜的第一个好处是可以给脸部周围增加光泽感，其次是有瘦脸效果，在整体的穿搭中起到点睛的作用。当感觉穿搭有些美中不足时，就戴一副眼镜吧。

在选择第一副眼镜时，推荐经典的惠灵顿框眼镜。选择镜框较粗的眼镜会给人一种沉稳的印象，选择较细的镜框会给人很亲切的印象。颜色除黑色之外，棕色、琥珀色、深褐色和藏青色也都很不错。可以在眼镜店中试戴之后，选择适合自己脸型的款式

基础单品③白 T 恤

注意点▼

可以在 JINS 之类的品牌店中购买，如果特别在意品质的话，选择Oliver Peoples、MOSCOT、雷朋、EYEVAN 等品牌也可以。

④ 手提包
男士的商务包要选择品质优良的包

　　大家都在用什么样的包呢？特别是商务包，不仅使用起来非常称手，而且其代表的信赖感和正式感也很重要，所以大家在哪里购买比较好呢？

　　因为手提包非常耐用，所以我推荐在精品店中购买品质较好的包。与奢侈品牌的高级皮包相比，精品店中价格合适的手提包更加实用。

日本品牌"aniary"的手提包价格在两千元左右，而且很时尚，也可以作为日常生活中的休闲包使用

在搜寻包包时推荐的品牌有 TOMORROW LAND 和 ESTNATION，特别是意大利品牌"Felisi"的尼龙材质包很轻便，而且种类丰富

错误示范

不要把钱包装在口袋里

　　有人经常把钱包放在裤子后面的口袋里，这是非常不受女性喜欢的行为。特别是在约会时一定不要这样做，可以把钱包放在手提包中。

⑤ 手表

男士手表选择休闲风格更有魅力

与大牌手表相比，偶尔戴上休闲腕表，更能塑造出健康的魅力。性能就不用说了，有些手表的重量非常轻，佩戴感受也很舒适。偶尔通过手表来换个风格也很好。

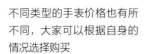

不同类型的手表价格也有所
不同，大家可以根据自身的
情况选择购买

⑥ 护手霜

什么样的戒指都比不上护手霜

　　手部是很受关注的部位，保养是非常重要的。无论佩戴多么贵重的首饰，如果手很粗糙、指甲很长的话，就会显得人很邋遢。特别是冬季干燥的时候，要认真涂护手霜，可以起到保湿的作用。护手霜的香味也有使人放松的效果，选择一个自己喜欢的味道，在工作间隙休息时使用一下吧。

错误示范

　　男性的装饰品根据佩戴方式的不同，可能会给人留下不好的印象。特别是将项链、手镯、戒指全部戴上的话，反而会显得很不时尚！包括手表在内，全身的装饰品最多戴两件，这才是帅气的标准。

口罩也是穿搭的一部分

口罩已经成为我们生活中不可缺少的物品。虽然只是个口罩，但其作用却很重要。面积虽小，但因其占据脸部的中心部位，会给人留下比想象中更加重要的印象。在从头到脚考虑整体的穿搭时，口罩是与好感度直接相关的物品。

①白色无纺布口罩

口罩的干净与否与自身的清爽感直接相关。从卫生的角度来看，如果口罩弄脏了要立即更换。与西装风格最搭配的还是白色无纺布口罩。

②灰色口罩

如果是布质口罩，选择灰色更容易搭配，既适用于偏正式的风格，又适用于休闲风格。口罩也有很多种款式，选择无褶皱、剪裁利落的款式，能使脸部轮廓看起来更加清晰。

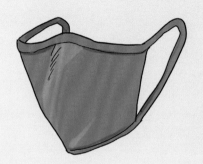

③卡其色口罩

卡其色口罩与休闲风格最为搭配。与灰色口罩一样，卡其色口罩也要选择简约的款式。仅仅使用卡其色口罩，就能让整体穿搭营造出很时尚的氛围感。

经典的白色无纺布口罩从搭配的角度来看，是万能选手。如果想要有特点的话，可以根据当天穿搭的整体色系，改变一下口罩的颜色。本书介绍的作为穿搭基础颜色的灰色、黑色、藏青色、卡其色这四种颜色的口罩，适用于任何穿搭。需要注意的是口罩一定要保持干净。特别是无纺布口罩，如果表面起很多绒毛，就会给人留下不干净不整洁的印象，费尽心思打造的穿搭也会功亏一篑。

④藏青色口罩

藏青色口罩能营造出一种时尚年轻的印象。因为与脸部非常贴合，所以也有一定的瘦脸效果。聚氨酯材质的口罩从卫生的角度来看不是很推荐，请根据场合合理使用。

⑤黑色口罩

如果要搭配运动风格的服装的话，推荐黑色口罩，也可以用在收紧整体穿搭的"黑色配饰大作战"所举例的穿搭当中。但相反，在商务场合下黑色口罩容易给人一种压迫感，最好不要使用。

03

与伴侣一起搭配吧！
TPO 原则、四季穿搭、共用单品

本章将介绍符合春夏秋冬 TPO[1] 原则的穿搭。
同时也会介绍与伴侣约会时的服装和共用单品，重要的是
两个人能够一起享受时尚！

1 时间 time、地点 place、场合 occasion。

春季穿搭

① 既轻便又知性——周末的电影院约会

　　周末的电影院约会，如果穿西装的话不仅会很死板，还有可能给对方留下很拘谨的印象。在这种情况下，可以把牛仔衬衫当作外套，营造出恰到好处的"休闲和知性"兼具的风格。

　　推荐衬衫内搭印花 T 恤，但最好选择第一眼看上去不会太过于突出的图案。在黑色锥形裤和黑色皮革运动鞋的基础上，通过黑框眼镜来协调整套穿搭。

注意点▼

对于成年人来说，印花 T 恤可能会让人看起来有一种"装年轻"的感觉，并且如果品牌商标图案过大的话看起来也会很不时尚。

基础单品②黑色锥形裤

基础单品⑨皮革运动鞋

用黑色皮革运动鞋和黑框眼镜来实现"黑色配饰大作战"，穿搭不仅达到修身的效果，还有统一感

② 亲近感和真诚才是关键——春季的公司内部培训

由于新员工的入职和职位调动等，每年春季都会有很多新面孔出现在公司。在新人的入职培训中，作为前辈想让自己的穿搭给别人一种亲近感，推荐尝试代表真诚和清爽感的蓝色。藏青色竖条纹西装上衣内搭冰蓝色衬衫，领带可以选择宝蓝色，营造出同色调穿搭，增添清爽感，给人一种简约干练的印象。真诚体现在细节处，脚上可以搭配偏正式的黑色皮鞋。

注意点▼

西装风格会随着领带变化，给人的印象也会改变。像公司内部培训这样面向内部同事的活动，传达出亲近感和信赖感是很重要的。在这种情况下，会给人压迫感的红色系是不可选的，要选择能够使人看起来有亲近感的蓝色系。

在第二章中提到的细条纹西装外衣内搭冰蓝色衬衫，若再搭配马甲的话，则会显得过于拘束。与时尚感相比，基础搭配更显真诚

鞋子选择黑色的话，看起来会更加协调，也会显得更加正式。时尚是传达信息的过程，在需要收紧的地方就收紧，展现出"该表现就表现"的姿态

③ 以一身轻松的成年人卫衣穿搭去赏花

春季赏花是一项需要站着或坐着的户外活动，如果穿一件昂贵外套或纯白色的衣服，就要格外在意周围的情况，避免弄脏。这种时候就轮到套头连帽卫衣出场了，下装搭配藏青色锥形裤，即便弄脏了一点也不需太过在意。

内搭条纹T恤，从卫衣下摆处露出一点，这样不会有整套穿搭的感觉，使穿搭产生一定的层次感。

注意点▼
如果认为套头连帽卫衣过于休闲的话，可以将内搭的条纹针织T恤换成带领的白色T恤，看起来会更加简约利落。对成年人来说，吸汗面料与精致单品搭配的话，也很简单。

基础单品⑦灰色套头连帽卫衣

基础单品⑧黑白条纹

黑色腰包非常方便，可以铺垫子、随意吃零食，两手能自由地伸展开，甚至能自然而然地营造出"护花使者"的形象，这种穿搭非常受欢迎

下装选择明亮的藏青色，会比黑色更加清爽，鞋子选择白色皮革运动鞋更显利落。气温低时，可以外搭翻领大衣

基础单品⑨皮革运动鞋

夏季穿搭

① 穿一身假日旅行装去盛夏的海边

　　成年人露肤穿搭的成功秘诀是不要大面积露出皮肤。比如，露出脚的话，就要遮住胳膊。在休闲场所穿露腿五分裤时，就不能穿无袖背心，否则会成为一名在河边玩水的少年。

　　上衣选择轻薄透气的亚麻衬衫，如果热的话就挽起袖子，颜色选择浅驼色或卡其色等大地色系，会增添稳重感，彰显男人风度。通过搭配凸显成年人从容不迫的编织草鞋及凸显男人威严的金属手表，进一步提升品位。

注意点▼
五分裤推荐选藏青色，与黑色相比更加休闲。在帆布手提包中提前准备好野餐垫，会让对方更开心。

亚麻衬衫更能体现出休闲感。如果是浅驼色的大地色系，就不用在意皮肤是否会透，而且还能使人看上去更加随性

编织草鞋穿着很舒服，即便在海边也能随意穿

② 以一身时尚的穿搭参加烟花晚会

夏天的时尚往往是由T恤和裤子这两件单品来完成的，也就是所谓的固定穿搭，但只要在T恤外面穿一件翻领衬衫，就能增加时尚度，摇身一变成为约会穿搭。下装最好选择腰围宽松、方便坐下的休闲九分裤。在街上经常看到的皮质凉鞋，特别是深棕色，能修饰整体的穿搭，看起来很高级。

基础单品③白T恤

藏青色九分裤要选择锥形裤款式的，如果可以的话，与其选择基础单品，不如选择版型稍宽松的单品

不要选择沙滩凉鞋，推荐选择皮质凉鞋，这样凉鞋也能成为精致单品。如果要背包的话，选择像腰包这种即便在人群中也不碍事的包包是最方便的

注意点▼
考虑到烟花晚会的场合，穿搭中要避免使用黑色，选择既轻便又具有清爽感的浅驼色衬衫搭配白T恤及藏青色九分裤会更加休闲。

穿搭基本法
男士时尚图鉴

③ 穿一身不用担心出汗的清凉夏季西装，下班后去啤酒店畅饮

吸汗也不透的黑色polo衫是夏季西装穿搭中不可缺少的单品，下装搭配能给通勤装增添新鲜感的凉爽浅灰色西裤，与外套组成一个套装，除了夏季，其他季节也可以使用，非常方便。通过黑框眼镜、黑色皮鞋和"黑色配饰大作战"，营造出有辨识度的形象。另外，银色金属手表的光泽给穿搭增添了一丝亮点。

在穿搭中没有衬衫和外套的时候，可以加入一件起到收紧作用的单品。戴一副黑框眼镜，会更有男士风度

polo衫除黑色之外，选择藏青色等深色系也很不错。如果是休闲风格的通勤装的话，在polo衫的下摆处露出一点白T恤会更加清爽

注意点▼

要注意袜子的颜色。如果不懂怎样搭配的话，选择西裤或鞋子的颜色是最简单的。但是，在夏天，黑色鞋子配黑色袜子会看起来很闷热，在这种情况下，选择西裤和鞋子的中间色就可以了。在右图的这身穿搭中，搭配一双深灰色的短袜就很不错。

秋季穿搭

① 双人成画，秋赏红叶

如果与伴侣一起去赏红叶的话，可以穿一件粗花呢外套来营造秋天的氛围感，尝试一下出现在电影场景中的穿搭吧。

为了让看上去很温暖的外套不土气，可以搭配藏青色高领针织衫和靛蓝色牛仔裤，塑造出一身舒适、休闲的穿搭。脚上要搭配皮革运动鞋，不仅方便行走，还能增添随意感。

高领针织衫能突出"绝对领域"。就像在第二章中介绍过的那样，棕色搭藏青色的组合会有一种意大利氛围感，进一步增添魅力

牛仔裤不要选择浅蓝色，要选择不会给人留下坏印象的深色靛蓝色。如果没有靛蓝色牛仔裤，搭配藏青色锥形裤也可以

注意点▼
棕色的粗花呢外套和红叶是最配的。脚上如果搭配皮鞋的话，会给人一种过于正式的印象，所以要搭配有亲近感的基础单品白色皮革运动鞋。

基础单品⑨皮革运动鞋

② 在艺术之秋，以一身英伦风格穿搭前往美术馆

美术馆是一个非常有气氛的地方，可以穿着像衬衫那样具有一些古典时尚感的服装去参观。这时，不妨搭配一件牛仔衬衫，并在外面搭配秋冬必备单品——酒红色针织衫，可以让肩部轮廓看起来轻松又柔和，营造出传统英伦风格的穿搭，打造秋季氛围感满满的装扮。最后，利用琥珀框眼镜和棕色皮鞋在穿搭中加入亮点。

秋冬季必备单品酒红色针织衫和春夏季必备单品牛仔衬衫，这一超越季节的搭配，可谓是平衡随意感的最强组合。衣领处看上去有收紧效果，能突出"绝对领域"

注意点▼
下装搭配藏青色锥形裤，与牛仔衬衫的蓝色相呼应，产生统一感。

基础单品⑩深棕色皮鞋

③ 选择增加胸部厚度的单品

　　男士在参加婚礼的晚宴时，往往会为穿什么而烦恼。与参加典礼和正式宴会相比，穿休闲装的场合更多，所以更考验时尚度。在这个时候，平常使用的能突出"绝对领域"的单品，会显得更加华丽。西装就选择必备三件套，轻松营造出"特别感"。领带不要选择正式的白色，而是要选择蓝色，会更加清爽。如果再搭配能提升品位的口袋方巾就完美了。

西装三件套的颜色选择基础的藏青色、深灰色、细条纹中的任意一个即可。正因为是很正式的场合，所以将黑框眼镜作为装饰来佩戴是很不错的，会使人不禁感叹"那个人好帅啊"，能引起人们的关注

注意点▼
口袋方巾的颜色可以选择最经典的白色，只要与领带的颜色相统一，就会轻松决定个人风格。在参加花园婚礼时，将口袋方巾的颜色换成棕色系，能与会场的氛围更加搭配，也很帅气。

黑色皮鞋是不会出错的选择。在酒会或晚宴等休闲场合下，棕色皮鞋也很时尚。外套选择基础的翻领大衣就可以

基础单品⑥藏青色翻领大衣

冬季穿搭

① 成年人从容不迫的圣诞约会

如果要在稍微高档点的餐厅吃晚餐的话，穿衣风格不要过于固定。在基础单品的黑色套装上搭配黑色高领针织衫，与衬衫相比给人的印象会更加平易近人，而且高领会使衣领挺立，更显男子气概。用适当表现成年人童心的彩色袜子来自然地营造出圣诞氛围感。稍微露出一点白色的口袋方巾，给全黑色的上半身增添一点不同。

基础单品①简约黑色外套

如果要戴手表的话，最好选择皮质或银色金属表带，避开运动手表。在这样的穿搭中所搭配的包，可以选择工作用的皮质方形包，或者干脆不拿包会更加潇洒

注意点▼

如果想在穿搭中加入圣诞元素的话，直接戴一块红色方巾会有些浮夸。这时可以考虑选择红褐色、酒红色格子图案或素色的袜子，会更显时尚，和伴侣看起来也很相配。

基础单品②黑色锥形裤

基础单品⑩深棕色皮鞋

脚上不要搭配黑色皮鞋，要选择棕色皮鞋，增添休闲感

101

② 回老家的随意穿搭

回老家需要拜年或见亲友，不能穿着运动服在家躺着。话虽如此，难得的假期，还是要穿干净整洁的衣服开心地度过。

正是在这种时候，就轮到黑色搭黑色的单色运动服出场了。黑色羽绒服搭配高领针织衫和运动裤，像套装一样看起来干净整齐。

如果针织衫下方露出一点白 T 恤的话，就更完美了。

为了防寒，可以在脖子处围一条围巾。深灰色围巾不用特意挑选搭配单品，搭配起来非常顺手

上衣选择黑色简约高领针织衫，同时使用露出白色的技巧，搭配白色运动鞋

基础单品③白 T 恤

基础单品⑨皮革运动鞋

③ 给客户带来安心感的新年问候

带着崭新的心情去拜年的时候，要传达出"今年的工作也交给我吧"这样诚实可靠的信息。因此穿搭的重点是酒红色领带，由于正红色会给人过于强烈的印象，所以沉稳的酒红色才是正确选择。同时搭配使用白色的口袋方巾，表现出新年特有的"喜庆感"也很有意思呢。外套选择好感度高的绗缝外套一定不会出错。

因为绗缝外套给人更加开朗的印象，所以是好感度很高的单品。切斯特大衣也很不错，但在寒暄拜访时，中等长度的外套能给人留下好印象，而且便于存放

注意点▼

如果要营造出真诚的形象，最好穿标准的藏青色西装。搭配酒红色领带和白色口袋方巾十分帅气，内搭浅灰色衬衫，会让人看起来自己在穿搭上下了很大的工夫，也会给人一种"那个人很特别"的印象。

可以与伴侣一起穿的单品

① 男士针织衫

近几年，弱化男女差异的穿搭在时装周上备受瞩目，很多品牌也在销售男女同款的单品。

与伴侣两个人能共享时尚，乐趣加倍，希望大家尝试购买能与伴侣一起穿的单品。首先推荐给大家的是男士圆领针织衫。女生穿男生尺码的衣服会变成超大号的款式，穿起来也很可爱。

男女同款且穿起来非常
好搭配的是高针目针织
衫。棕色、黑色、藏青
色等基础色都很不错，
脚上搭配白色运动鞋，
更能增添随意感

基础单品③白T恤

② 黑色棒球帽

　　男士的棒球帽也是男女同款的单品。

　　不分季节使用的简约款黑色棒球帽就很不错，可以选择紧跟潮流的品牌，其中一些帽子的形状也非常时尚。但最重要的还是合适的价格。男女都可以用在"黑色配饰大作战"中，是能够让穿搭加分的单品。

　　秋冬季节也有灯芯绒材质的帽子，可以根据季节来购买。能轻松在穿搭中体现季节感，这也是平价品牌所特有的优点。

选择基础款的棒球帽，使用起来会
更加方便，有商标图案的话会看起
来过于休闲，所以请选择使用范围
更大的素色款式

基础单品③白T恤

③ 托特包

虽然托特包很休闲，但能显得很有品位。

说到托特包，虽然有些品牌的款式是最经典的，但也会经常与人撞包，其特点是底部线条较圆滑，营造出的气质很温柔。

基础单品⑤蓝色圆领针织衫

基础单品⑧黑白条纹

尺寸选择的关键是要挑选适合男士用的大号托特包。提手处是藏青色或黑色等基础颜色，也就不需要特意挑选搭配的服装了

时尚的技巧

蒸汽熨斗可以使衣服价格看上去贵 200 元

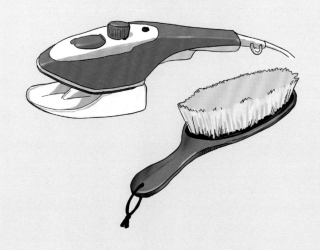

　　在前文中，我曾多次强调衣服的"状态"能决定"清爽感"。但是，若要每天都用熨斗熨 T 恤，也很难做到。因此，推荐每个家庭入手一台蒸汽熨斗，可以直接把衣服挂在衣架上，通过蒸汽来熨平褶皱。因为不需要熨斗台且比较轻，所以能轻松地熨衣服。早上，只要将当天穿的西装、针织衫、裤子等用蒸汽熨斗熨一下，看起来就能使衣服价格贵 200 元。

　　在需要穿外套的季节配备一把刷子会比较方便。毛质细软的大衣和外套就不必说了，网眼很细的高针目针织衫也可以使用。对于不能每次穿后都清洗的衣服，用刷子仔细刷干净，可以去除污垢，防止起球，使衣服保持良好的状态。

　　刷衣服的方法，首先是要逆着纤维的走向刷，使灰尘等浮出衣服表面，之后，再顺着纤维的走向刷，去除灰尘。

　　当然，刷子不仅可以在冬天使用，在花粉症和过敏的季节也可以使用。

写给女士的话

唤醒他的时尚意识，用"I Message"来传达吧

　　与女性相比，对时尚感兴趣的男性占少数。我的学生当中有很多女性对于自己丈夫或恋人的穿搭，都表示虽然不是特别糟糕，但希望能更加帅气一些。如果正苦恼于伴侣的穿搭的话，请尝试用"I Message"来表达你的想法。"I"是指中文中的"我"，比如要用"穿这件衣服吧"这样的方式来表达想法的话，男性实际上会很抗拒。因此，要使用"我认为你穿这件衣服的话肯定很帅"这样的方式，将自己作为主语来表达想法。顺便说一下，为了让丈夫放弃不适合他的帽子，我会这样不经意地表达，"我认为你今天不戴帽子会更帅"，并且在他不戴帽子的时候，我会夸赞道，"今天怎么这么帅，可能是因为没有戴帽子吧"。这样一来，丈夫以后就不会戴帽子了。这种方法对越固执的人越有效。所以，把语言变成你的帮手是很重要的，比如在购物推荐衣服时，与其说"这件更不错"，不如说"这件你穿上会更帅气"。

　　时尚是连接两个人的纽带，用一生去享受吧。